VOYAGE

PITTORESQUE ET HISTORIQUE

AU BRÉSIL,

OU

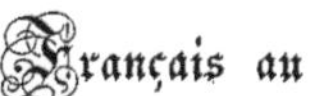

Séjour d'un Artiste Français au Brésil,

DEPUIS 1816 JUSQU'EN 1831 INCLUSIVEMENT,

Époques de l'Avènement et de l'Abdication de S. M. D. Pedro Ier,
Fondateur de l'Empire brésilien.

Dédié à l'Académie des Beaux-Arts de l'Institut de France,

PAR J.-B. DEBRET,

PREMIER PEINTRE ET PROFESSEUR DE L'ACADÉMIE IMPÉRIALE BRÉSILIENNE DES BEAUX-ARTS DE RIO-JANEIRO, PEINTRE PARTICULIER DE LA MAISON IMPÉRIALE, MEMBRE CORRESPONDANT DE LA CLASSE DES BEAUX-ARTS DE L'INSTITUT DE FRANCE, ET CHEVALIER DE L'ORDRE DU CHRIST.

17e *Livraison.*

PARIS,
FIRMIN DIDOT FRÈRES, IMPRIMEURS DE L'INSTITUT DE FRANCE,
LIBRAIRES, RUE JACOB, N° 24.

M DCCC XXXV.

Pl. 1.re

J. B. Debret del.

lith. de C. Motte

CHEF CAMACAN MONGOYO.

Debret del. Lith. de Motte

FEMME CAMACAN MONGOYO.

PL. 3

J.B. Debret del.

Lith. de C. Motte

FAMILLE D'UN CHEF CAMACAN SE PREPARANT POUR UNE FÊTE.

PL. 4.

J. B. Debret del.

MOMIE D'UN CHEF DE COROADOS.

PL. 5

J. B. Debret del. | lith. de C. Motte

CABOCLE, (INDIEN CIVILISÉ).

PL: 6

J. B. Debret del.

lith. de C. Motte

ALDEA DE CABOCLES A CANTA-GALLO.

PL. 7.

J.B. Debret del.

CHEF DE BORORENOS PARTANT POUR UNE ATTAQUE

PL. 8.

BUGRES, PROVINCE DE S.te CATHERINE

PL. 9.

J. B. Debret del. — lith. de C. Motte

FAMILLE DE BOTOCOUDOS EN MARCHE.

PL: 10

J. B. Debret del.

lith. de C. Motte

BOTOCUDOS, PURIS, PATACHOS ET MACHARIS.

PL: 11.

J.B Debret

lith de Ch. Motte

LE SIGNAL DU COMBAT. (COROADOS.)

PL. 12

J. B. Debret del.

lith. de Ch. Motte

LE SIGNAL DE LA RETRAITE (COROADOS.)

J. B. Debret del. — lith. de C. Motte

SAUVAGES GOYANAS. (A O MAR PEQUENO.)

J.B. Debret del. — lith. de C. Motte.

CHEF DE CHARRUAS SAUVAGES.

PL. 15.

J. B. Debret del.

Lith de C. Motte.

CHARRUAS CIVILISÉS (PIONS.)

PL: 16

Lith. de C. Motte.

CHEF DE GOUAYCOUROUS PARTANT POUR COMMERCER AVEC LES EUROPÉENS.

PL. 17

J. B. Debret del.

lith. de C. Motte

PEUPLADE DE GOUAYCOUROUS CHANGEANT DE PATURAGES.

PL. 16

J. B. Debret del.

Lith. de C. Motte

CHARGE DE CAVALERIE GOUAYCOUROUS.

J. B. Debret del. — lith. de Ch. Motte

DANSE DE SAUVAGES DE LA MISSION DE S.t JOSE.

PL: 20

Debret del.

Lith. de Ch. Motte

SAUVAGES CIVILISÉS SOLDATS INDIENS DE LA PROVINCE DE LA CORITIBA, RAMENANT DES SAUVAGES PRISONNIÈRES

J. B. Debret del.

Lith. de Ch. Motte

SAUVAGES CIVILISÉS, SOLDATS INDIENS DE MUGI DAS CRUZAS (Province de St. Paul) COMBATTANT DES BOTOCOUDOS.

PL. 22

FEMMES CABOCLES (SAUVAGES CIVILISÉS) VIVANT DU MÉTIER DE BLANCHISSEUSES DANS LA VILLE DE RIO JANEIRO.

J. B. Debret del.

Lith. de Ch. Motte

SAUVAGES GOUARANIS CIVILISÉS, RICHES CULTIVATEURS DE VIGNES.

FEMMES GOUARANIS CIVILISÉES ALLANT A LA MESSE LE DIMANCHE

J.B. Debret Del. — Lith. de Ch. Motte.

GOUARANIS CIVILISÉS EMPLOYÉS A RIO JANEIRO COMME ARTILLEURS.

J. B. Debret et la Vve de Portes. — Lith. de Ch. Motte

DIFFÉRENTES FORMES DE HUTTES DES SAUVAGES BRÉZILIENS.

J. B. Debret del. — Lith. de Ch. Motte

DIFFÉRENTES FORMES DE MASQUES (COËFFURES.

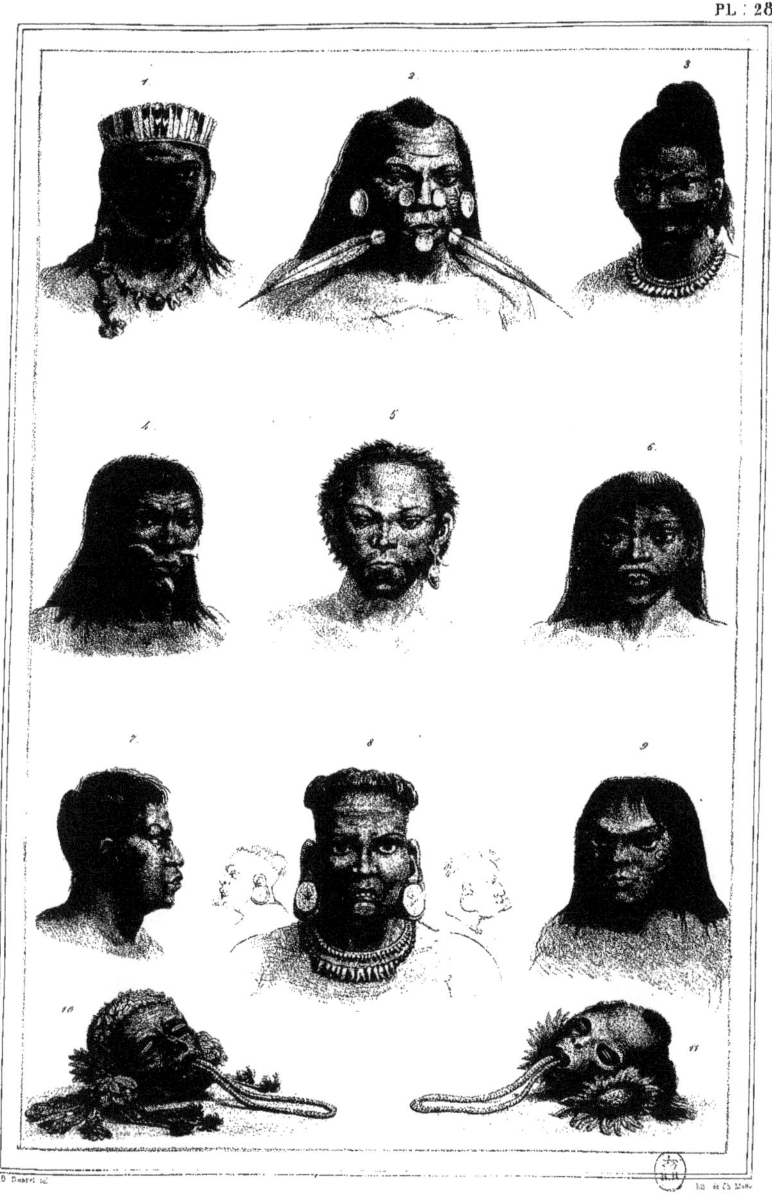

J.B. Debret del. — Lith. de Ch. Motte

TÊTES DE DIFFÉRENTES CASTES SAUVAGES.

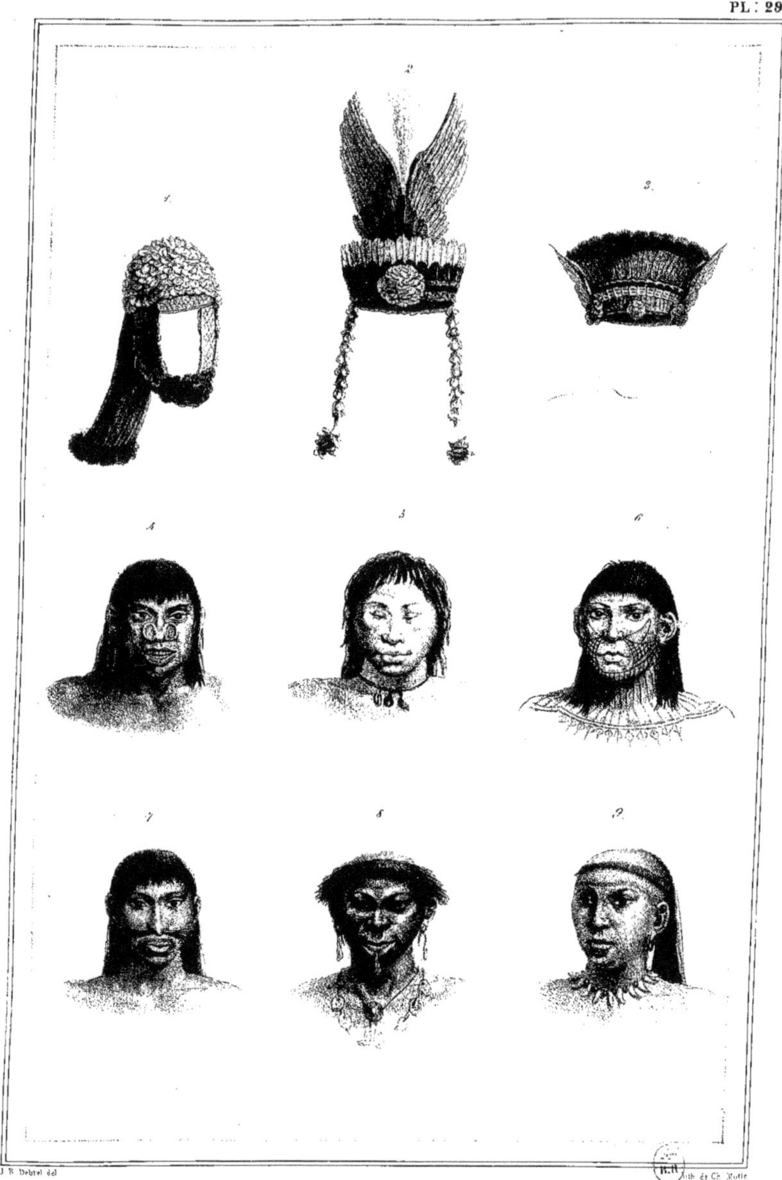

COIFFURES, ET SUITE DE TÊTES DE DIFFÉRENTES CASTES SAUVAGES.

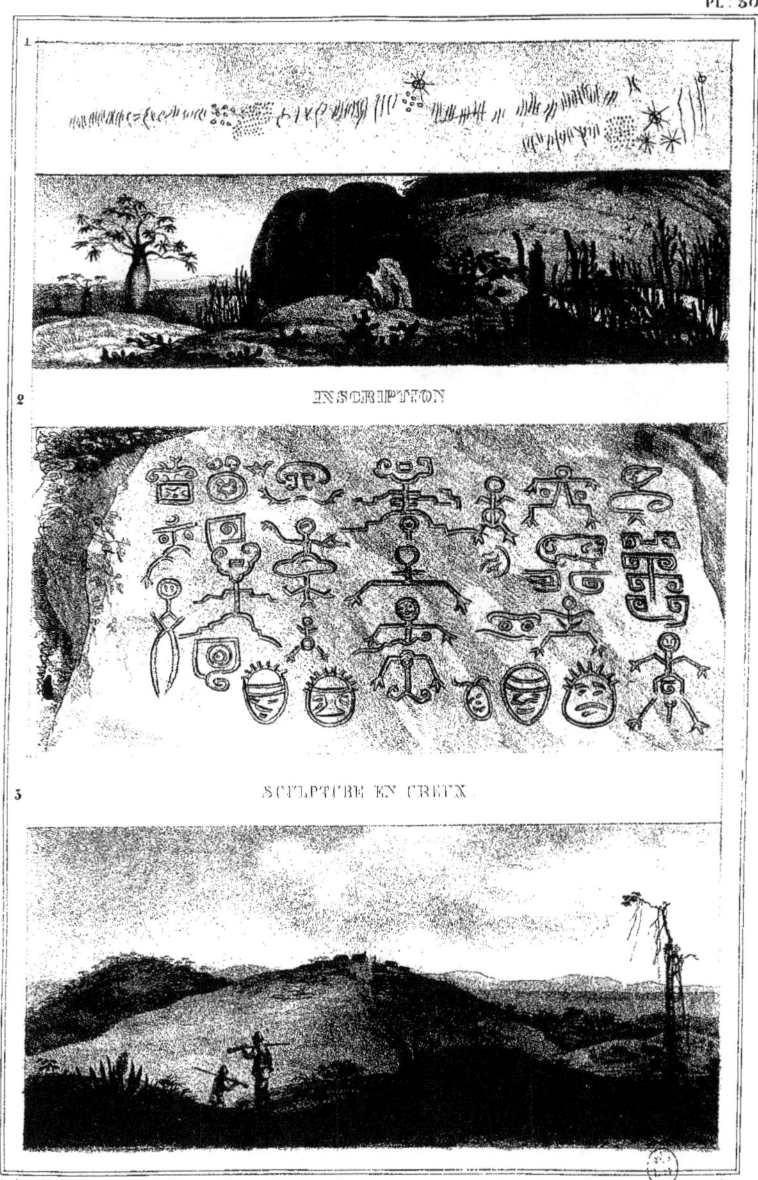

VILLAGE (ALDEA) DE SOLDATS INDIENS CIVILISÉS.

J.B. Debret et la V.ve Deportes Del. Lith. de Ch. Motte.

1 GRAINES EMPLOYÉES POUR LES COLLIERS. 2 VÉGÉTAUX POUR LE TATOUAGE
3 PLANTES NUTRITIVES.

J. Fr. Debret.

LE CALEBASSIER.

la Vve de Portes.

Lith. de ... Motte

LE BANANIER.

PL: 33

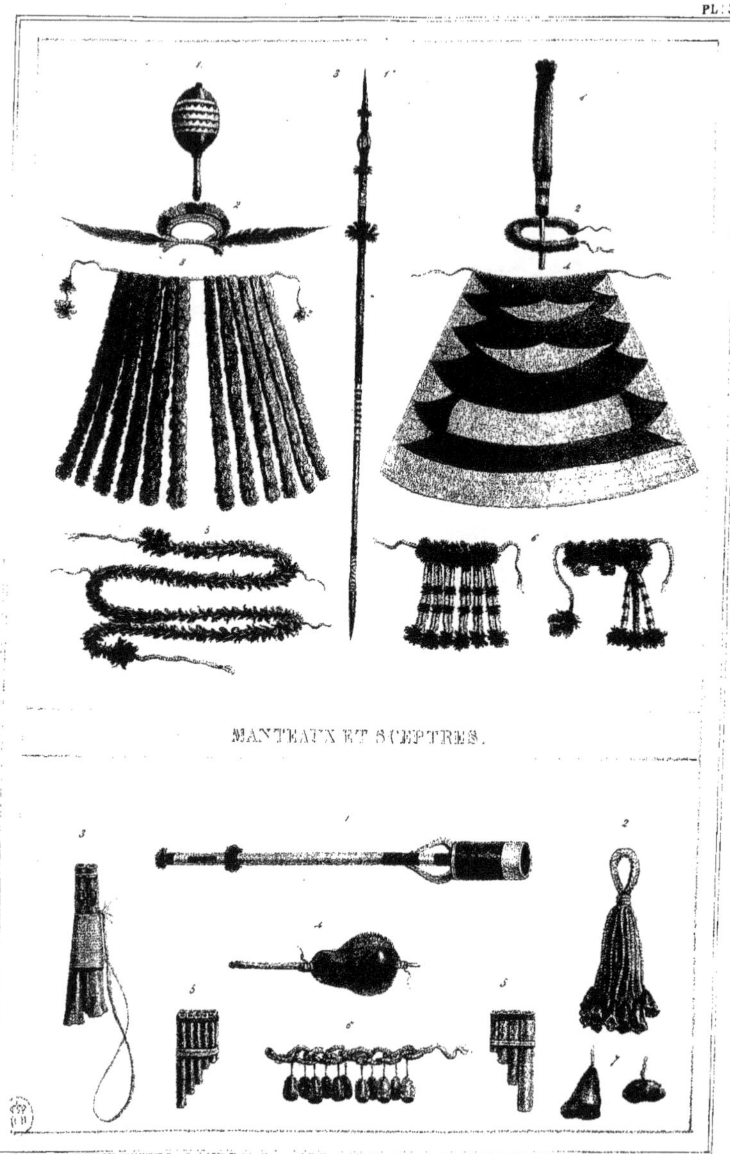

MANTEAUX ET SCEPTRES.

INSTRUMENS DE MUSIQUE

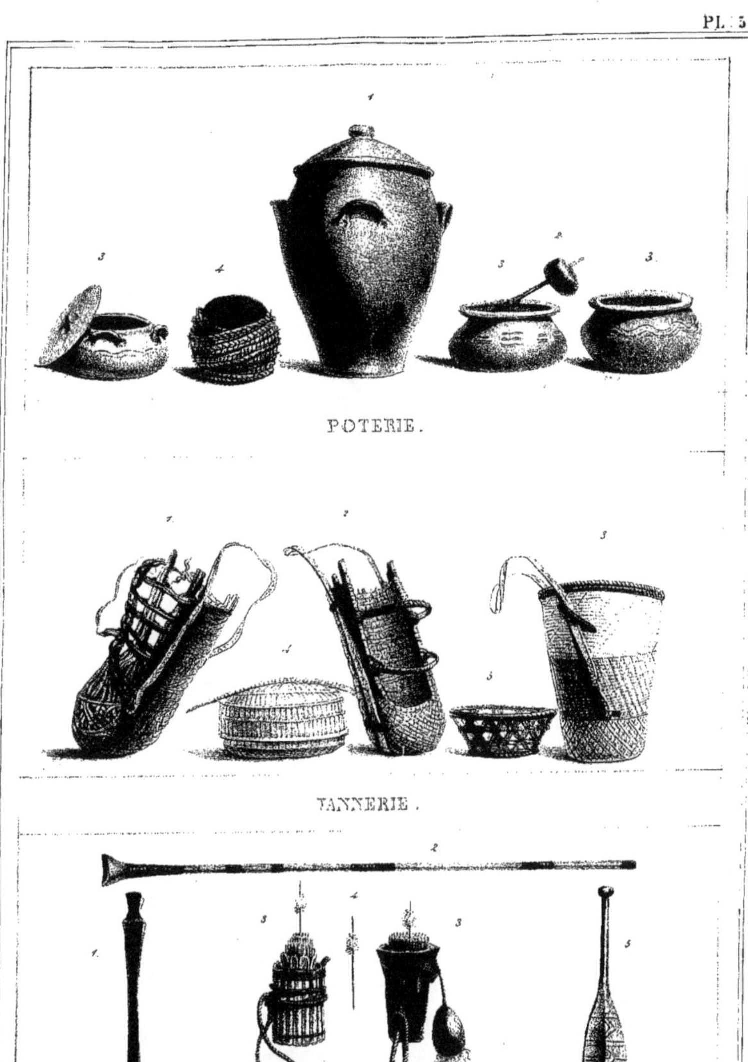

ARMES OFFENSIVES, RAME.

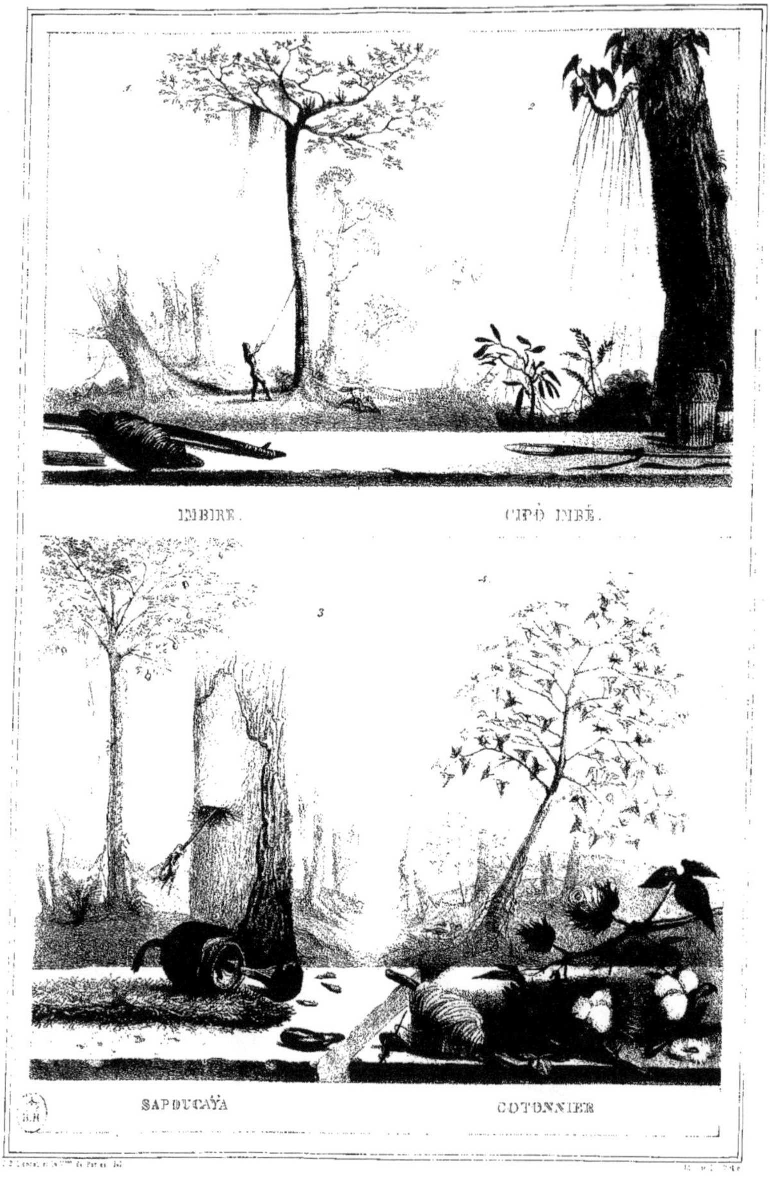

VÉGÉTAUX QUI SERVENT A FAIRE DES LIENS.

PL. 36

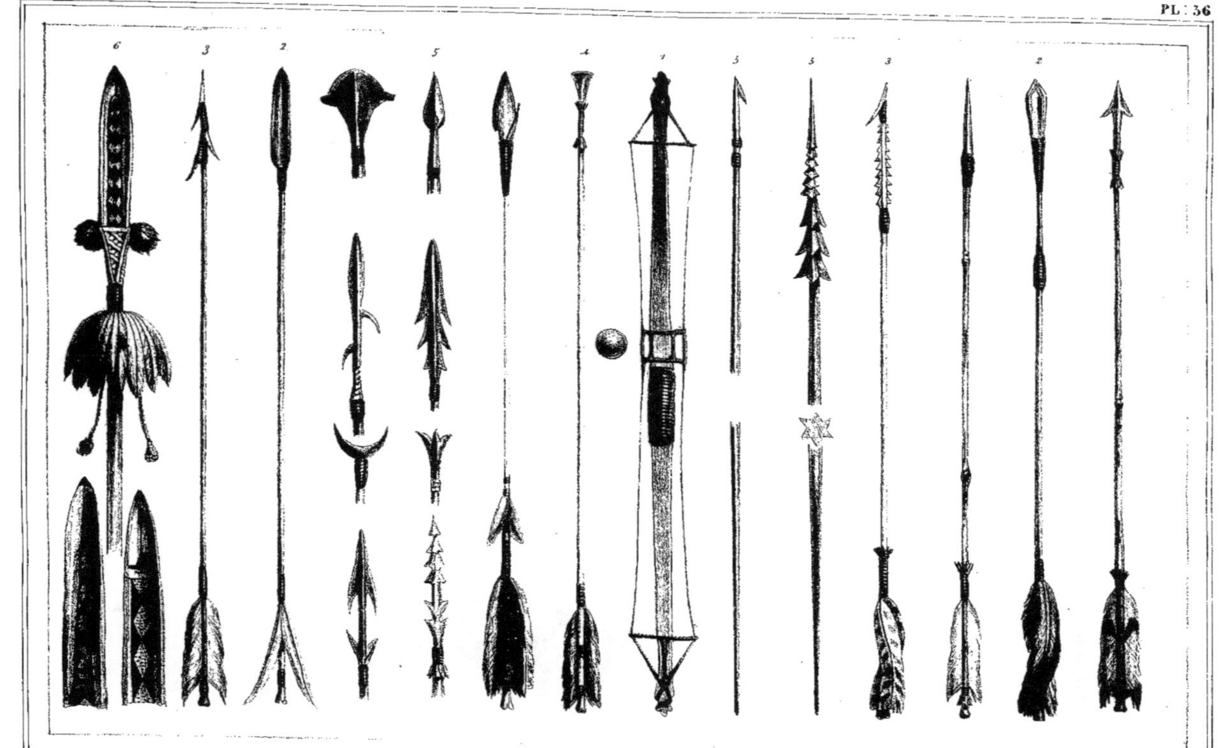

J. B. Debret del.

Lith. de Th. Motte

ARMES OFFENSIVES.

CARTE DU BRÉSIL.

PIC DE TÉNÉRIF.

CAP FRIO.

CÔTE DE RIO DE JANEIRO.

LE GÉANT COUCHÉ.

VUE DE L'ENTRÉE DE LA BAIE DE RIO DE JANEIRO.

Pl. 4.

J. B. Debret del.t

Lith. de Thierry frères Succ.rs de Engelmann & C.ie

VUE G.le DE LA VILLE DE RIO DE JANEIRO.

PL : 5

UN EMPLOYÉ DU GOUVERNT SORTANT DE CHEZ LUI AVEC SA FAMILLE.

PL : 6

J. B. Debret del.

lith. de Ch. Motte

UNE DAME BRÉSILIENNE DANS SON INTÉRIEUR.

VASES EN BOIS DESTINÉS A CONTENIR DE L'EAU.

VASES FAITS EN TERRE CUITE DESTINÉS AU MÊME USAGE.

PL. 7.

LE DINER.

PL. 8.

J.B Debret del.t

Lith. de Thierry Frères, Succ.rs de Engelmann & C.ie

LES DÈLASSEMENS D'UNE APRÉS DINER.

PL. 9.

LES RAFRAICHISSEMENS DE L'APRÈS DÎNER SUR LA PLACE DU PALAIS.

PL. 10.

Debret del.

Lith. de Ch. Motte

UNE VISITE A LA CAMPAGNE.

Pl. 11.

LES BARBIERS AMBULANTS

Pl. 12.

J. B. Debret del.

Lith. de Thierry Frères, Succrs de Engelmann & Cie

BOUTIQUE DE BARBIERS.

J. B. Debret et la Vᵗᵉ de Palis del.

Lith. de Thierry Frères Succʳˢ de Engelmann & Cⁱᵉ.

VANNERIE.

MARCHAND DE SESTES, Paniers qui se portent sur la tête.

PL: 14.

J. B. Debret del.

Lith. de Thierry Frères, Succ.rs de Engelmann & C.ie

NÈGRE VENDEURS DE VOLAILLE.

2e Partie. PL. 15.

RETOUR À LA VILLE D'UN PROPRIÉTAIRE DE CHACRA.

PL. 16.

J. B. Debret del.t — Lith. de Thierry frères Succ.rs de Engelmann & C.ie

LITIÈRE POUR VOYAGER DANS L'INTERIEUR.

MARCHAND DE SAMBOURAS, VENDEUR DE PALMITO.

J. B. Debret del.t Lith. de Thierry Frères, Succ.rs de Engelmann & C.ie

NEGRES SCIEURS DE LONG.

J. B. Debret del.

Lith. de Thierry Frères, Succ. de Engelmann & Cie

NÈGRES CHASSEURS RENTRANT EN VILLE. LE RETOUR DES NÈGRES D'UN NATURALISTE.

J.B. Debret delt

Lith. de Thierry frères Succrs de Engelmann & Cie

NÈGRES, VENDEURS DE CHARBON.

VENDEUSES DE PLED DE TURQUIE.

J. B. Debret del.t

Lith. de Thierry Frères, Succ. de Engelmann & Cie

VENDEURS DE LAIT ET DE CAPIM.

J. B. Debret del.t Lith. de Thierry Frères, Succ.rs de Engelmann & C.ie

ESCLAVES NÈGRES, DE DIFFÉRENTES NATIONS.

J. B. Debret del.t

Lith. de Thierry Frères, Succ. de Engelmann & Cie

BOUTIQUE DE LA RUE DU VAL-LONGO.

J. B. Debret del.

Lith. de Thierry Frères, Succrs de Engelmann & Cie

INTÉRIEUR D'UNE HABITATION DE CIGANNOS.

FEITORS CORRIGEANT DES NÈGRES

PL. 26.

J.B. Debret, del.t Lith. de Thierry Frères, Succ.rs de Engelmann & C.ie

CAMP NOCTURNE DE VOYAGEURS.

J.B Debret, et la Vtesse de Portes, delt.

Lit. de Thierry Frères, Succrs de Engelmann, & Cie

PETIT MOULIN A SUCRE PORTATIF

1.

2.

J.B. Debret et la Vcsse de Portes, del. Lith. de Thierry Frères, Succrs de Engelmann & Cie

1. TRANSPORT DE VIANDE DE BOUCHERIE.

2. JOUG TOURNANT POUR DOMPTER LES BOEUFS.

J.B. Debret et la Vtesse de Portes del.

Lith. de Thierry Frères, Srs d'Engelmann & Cie

BOUTIQUE DE CORDONNIER.

J.B. Debret, delt. Lith. de Thierry Frères Sr. de Engelmann & Cie.

MAISON A LOUER, CHEVAL ET CHÈVRE A VENDRE.

J. B. Debret del.t — Lith. de Thierry Frères Succ.rs de Engelmann & C.ie

MONNAIES BRESILIENNES DE DIVERSES EPOQUES.

1 Cuivre. 2 Cuivre. 3 Argent. 4 Or. 5 Argent. 6 Cuivre. 7 Cuivre.

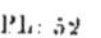

NEGRESSES LIBRES, VIVANT DE LEUR TRAVAIL.

J.B. Debret del.

Lith. de Thierry Frères, Succrs de Engelmann & Cie

NEGRESSES MARCHANDES, DE SONHOS, MANOÉ, ALOÁ.

SCÈNE DE CARNAVAL.

J. B. Debret del.t Lith. de Thierry Frères, Succ.rs de Engelmann & C.ie

PAVEURS. MARCHANDE D'ATACAÇA.

PAUVRE FAMILLE DANS SA MAISON

J. B. Debret del.

Lith. de Thierry Frères, Succrs de Engelmann & Cie

MENUISIER ALLANT S'INSTALLER, TRANSPORT DE FEUILLES D'ALOÈS

NÉGRESSES MARCHANDES D'ANGOU.

J. B. Debret et la Vicsse de Portes — Lith. de Thierry Frères, Succrs de Engelmann & Cie

FOURS A CHAUX.

NÈGRES CANGUEIROS.

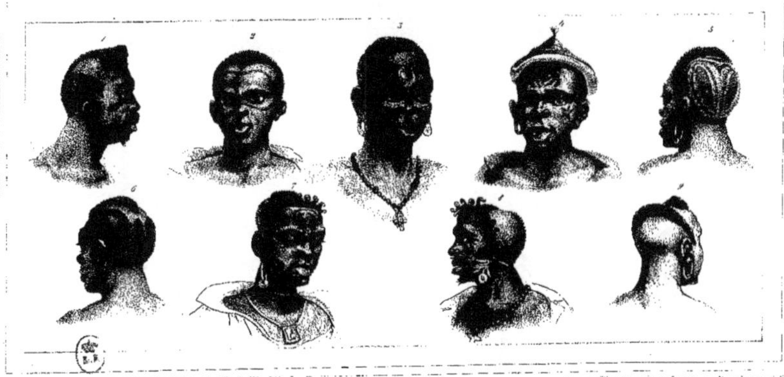

J.B. Debret del.t Lith. de Thierry frères Succ.rs de Engelmann & C.ie

DIFFÉRENTES NATIONS NÈGRES.

TRANSPORT D'UNE VOITURE DÉMONTÉE.

J. B. Debret del.

Lith. de Thierry Frères, Succrs de Engelmann & Cie

CONVOI DE CAFÉ. MARCHANDES DE CAFÉ BRULÉ.

NEGROS DE CARRO

J. B. Debret del. Lith de Thierry frères succrs de Engelmann & Cie

BARQUE BRESILIENNE FAITE AVEC UN CUIR DE BOEUF

BOUTIQUE DE CARNE SECCA.

J. B. Debret et la V.tesse De Portes del.t

Lith. de Thierry Frères, Succ.rs de Engelmann & C.ie

VOYAGEURS DE LA PROVINCE DE RIO GRANDE.

RADEAU DE BOIS DE CONSTRUCTION

J. B. Debret del.

Lith. de Thierry frères, Succrs de Engelmann & Cie

CHARROI DE BOIS DE CHARPENTE.

MARCHAND DE TABAC.

J. B. Debret delt. Lith. de Thierry Frères Succrs. de Engelmann.

L'AVEUGLE CHANTEUR. MARCHANDE DE PANDELOS.

LE COLLIER DE FER,
Châtiment des fugitifs.

J. B. Debret del.t Lith. de Thierry Frères Succ.rs de Engelmann & C.ie

NÈGRES EN COMMISSION,
par un temps de pluie.

TRANSPORT DE TUILES.

CHASSE AU TIGRE, DANS LA PLAINE.

MÊME CHASSE DANS LES FORÊTS VIERGES.

BOUTIQUE DE BOULANGER.

J.B. Debret del. Lith. de Thierry Frères, Succ.rs de Engelmann

COLONIE SUISSE DE CANTAGALLO.

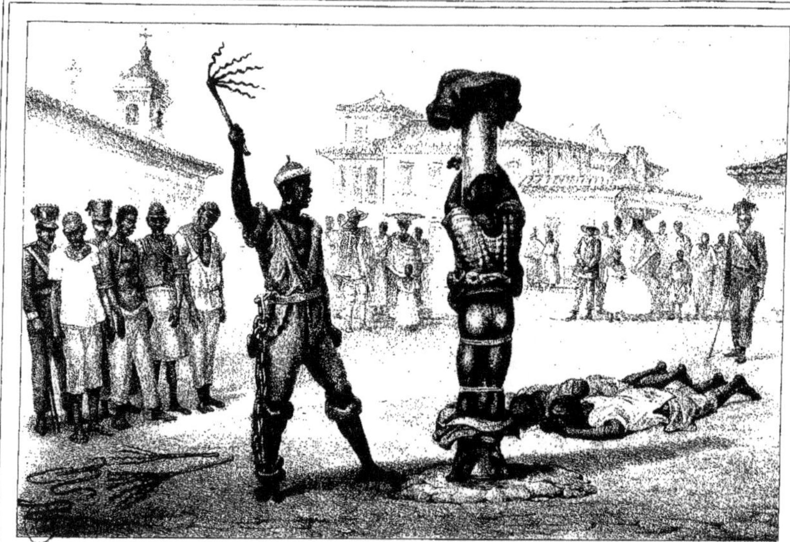

L'EXÉCUTION DE LA PUNITION DU FOUET.

J. B. Debret del.t Lith. de Thierry Frères Succ.rs de Engelmann & C.ie

NÈGRES AU TRONCO

LE CHIRURGIEN NÈGRE.

J. B. Debret del.t Lith. de Thierry Frères, Succ. de Engelmann

BOUTIQUE D'UN MARCHAND DE VIANDE DE PORC.

EXPLOITATION D'UNE CARRIÈRE DE GRANIT.

J. B. Debret del.t Lith. de Thierry Frères Succ.rs de Engelmann & C.ie

PASSAGE D'UNE RIVIÈRE GUÉABLE.

BLANCHISSEUSES À LA RIVIÈRE.

PL. 49

J. B. Debret et la Vme de Portes, del.

Lith. de Thierry Frères, Succ. de Engelmann & Cie

MAQUIGNONS PAULISTES.

Plan de la Baie de Rio-Janeiro.

Echelle de huit Milles Marins.

Ile do Governador

Rio-Janeiro

Ch. Walter lith.

Lith. de Thierry frères

VUE DE LA PLACE DU PALAIS, À RIO DE JANEIRO.

J. B. Debret del.

Lith. de Thierry Frères, Succrs de Engelmann & Cie

VUE GÉNÉRALE DE LA VILLE, DU CÔTÉ DE LA MER.

PL: 2.

VUE G.le DE LA VILLE DE RIO DE JANEIRO PRISE DU COUVENT DE S.T BENTO.

PL: 3.

J. B. Debret del.

Lith. de Thierry Frères, Succ.rs de Engelmann & C.ie

VUE DE LA MÊME VILLE, PRISE DE L'ÉGLISE DE N. D. DE LA GLOIRE.

LES PREMIÈRES OCCUPATIONS DU MATIN.

J. B. Debret delt. Lith. de Thierry Frères Succr de Engelmann

QUÊTEURS.

VOEU D'UNE MESSE DEMANDÉE COMME AUMÔNE.

LE VIEILLARD CONVALESCENT.

J. B. Debret del. Lith. de Thierry Frères Succ.rs de Engelmann & Cie

UNE DAME PORTÉE EN CADEIRINHA, ALLANT A LA MESSE.

MARCHAND DE FLEURS, A LA PORTE D'UNE ÉGLISE.

J. B. Debret, et la V.[ve] de Portes, d.t Lith. de Thierry Frères Succ.[rs] de Engelmann & C.ie

EX-VOTO DE MARINS ÉCHAPPÉS D'UN NAUFRAGE.

UNE MULÂTRESSE ALLANT PASSER LES FÊTES DE NOËL, A LA CAMPAGNE.

J. B. Debret del.

Lith. de Thierry Frères Succ.rs de Engelmann & C.ie

CONCOURS DES ÉCOLIERS, LA VEILLE DU JOUR DE S.T ALEXIS.

NÉGRESSES ALLANT A L'ÉGLISE, POUR ÊTRE BAPTISÉES.

J. B. Debret del.t Lith. de Thierry Frères, Succ.rs de Engelmann.

CHEVALIERS DU CHRIST, EN GRAND COSTUME DE L'ORDRE.

LE ROI DON JOÃO VI.

L'EMPEREUR DON PEDRO I.

J.B. Debret del.

Lith. de Thierry Frères, Succ. de Engelmann et Cie

GRAND COSTUME.

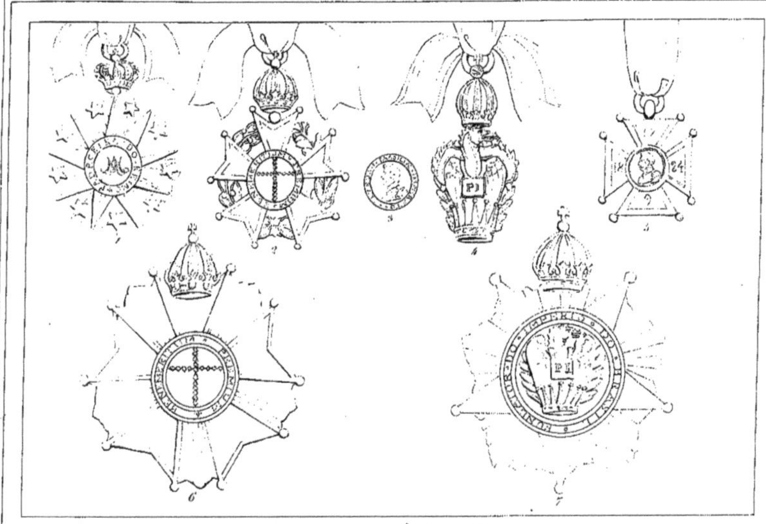

ORDRES BRÉSILIENS.

J. B. Debret del. Lith de Thierry Frères Succrs de Engelmann & Cie

COURONNES, SCEPTRES ET MANTEAUX.

VENDEUR D'HERBE DE RUDA

J. B. Debret del.ᵗ Lith. de Thierry Frères Sʳˢ de Engelmann & C.ⁱᵉ

CHEVALIER DU CHRIST EXPOSÉ DANS SON CERCUEIL OUVERT

LE S.t VIATIQUE PORTÉ CHEZ UN MALADE.

J. B. Debret et la V.tesse de Portes del.t Lith. de Thierry Frères S.rs de Engelmann & C.ie

TRANSPORT D'UN ENFANT BLANC, POUR ÊTRE BAPTISÉ A L'ÉGLISE.

GRAND COSTUME DE COUR

LE DESSOUS DE LA PORTE COCHÈRE D'UN PERSONNAGE DE LA COUR.

J. B. Debret et la Vtesse de Portes delt. Lith. de Thierry Frères Srs de Engelmann Cie.

LE BANDO, (PROCLAMATION MUNICIPALE).

MARIAGE DE NÈGRES D'UNE MAISON RICHE.

J.B. Debret et la Vtesse de Portes delt

Lith. de Thierry Frères Srs de Engelmann & Cie

CONVOI FUNÈBRE DE NÉGRILLONS.

ENTERREMENT D'UNE FEMME NÈGRE.

J.B. Debret del.

Lith. de Thierry Frères Sr. de Engelmann & Cie.

CONVOI FUNÈBRE D'UN FILS DE ROI NÈGRE.

J. B. Debret del.t

Lith. de Thierry Frères, Succrs de Engelmann & Cie

1res MEDAILLES FRAPPÉES A RIO DE JANEIRO.

COSTUME DES MINISTRES.

PL : 19.

J. B. Debret delt. Lith. de Thierry Frères, Succrs de Engelmann & Cie

L'EMPEREUR SUIVI D'UN CHAMBELLAN ET D'UN PREMIER VALET DE CHAMBRE.

J. B. Debret del. Lith. de Thierry Frères Succ.rs de Engelmann & C.ie

AMÉLIORATIONS PROGRESSIVES DU PALAIS DE S.T CHRISTOPHE,

(Quinta de Boa Vista); *depuis 1808, jusqu'en 1831.*

J. B. Debret et la Vtesse de Portes del.

Lith. de Thierry Frères Succrs de Engelmann & Cie

BRULEMENT DE L'EFFIGIE DE JUDA
le Samedi Saint.

VIVRES PORTÉS AUX PRISONNIERS.

La veille de la Pentecôte.

J. B. Debret del.

Lith. de Thierry frères Succ. de Engelmann & Cie

GARDE D'HONNEUR DE L'EMPEREUR.

COSTUME DES ARCHERS.

J. B. Debret del.t Lith. de Thierry Frères Succ.rs de Engelmann & C.ie

EMBARQUEMENT DES TROUPES A PRAIHA GRANDE,
pour l'Expédition contre Monte-Video.

J. B. Debret del. Lith. de Thierry Frères Succ.rs de Engelmann & C.ie

FRUITS DU BRESIL.

LES ÉTRENNES DE NOËL.

J. B. Debret del. Lith. de Thierry Frères Succ.rs de Engelmann & C.ie

ANGE REVENANT DE LA PROCESSION.

Un domestique Nègre rapportant la palme de son maître, le dimanche des rameaux.

DIVERS CERCUEILS.

J. B. Debret del. Lith. de Thierry Frères, Succrs de Engelmann & Cie

CONVOI FUNÈBRE D'UN MEMBRE de la CONFRÉRIE de N.D. de la CONCEPTION

DESEMBARGADORES, arrivant en Costume au Palais de Justice.

J.B. Debret del. Lith. de Thierry Frères Succ.rs d'Engelmann & C.ie

STATUE DE S.T GEORGE ET SON CORTÈGE,

précédant la procession de la Fête-Dieu.

CATACOMBES DE LA PAROISSE DES CARMES.

J.B. Debret del. Lith. de Thierry Frères Succrs de Engelmann & Cie

PETITS SARCOPHAGES, DANS LESQUELS SE CONSERVENT LES OSSEMENTS.

QUÊTE NOMMÉE LA FOLIE DE L'EMPEREUR DU St ESPRIT.

J.B. Debret Delt.

Lith. de Thierry Frères Succrs de Engelmann & Cie

DRAPEAU ET PAVILLON BRESILIENS.

DIVERS CONVOIS FUNÉBRES.

J. B. Debret et la V.tesse de Portes del. Lith de Thierry Frères Succ.rs de Engelmann & C.ie

QUÊTE POUR L'ENTRETIEN DE L'ÉGLISE DU ROSARIO.

UNE MATINÉE DU MERCREDI SAINT, À L'ÉGLISE.

J. B. Debret del.t Lith. de Thierry Frères Succ.rs de Engelmann & C.ie

CAVALHADAS. (Tournois).

J. B. Debret et la Vve de Portos del.

Lith. de Thierry frères Succrs de Engelmann & Cie

DÉBARQUEMENT DE LA PRINCESSE LÉOPOLDINE.

à Rio de Janeiro.

VUE DU CHATEAU IMPÉRIAL DE Sta CRUX.

J. B. Debret delt

Lith Thierry Frères Succrs de Engelmann & Cie

INSCRIPTION DU ROCHER DOS ARVOREDOS (dos Buissons)

J. B. Debret del.

MONUMENT ET CONVOI FUNÈBRES DE L'IMPÉRATRICE LÉOPOLDINE.

à Rio de Janeiro.

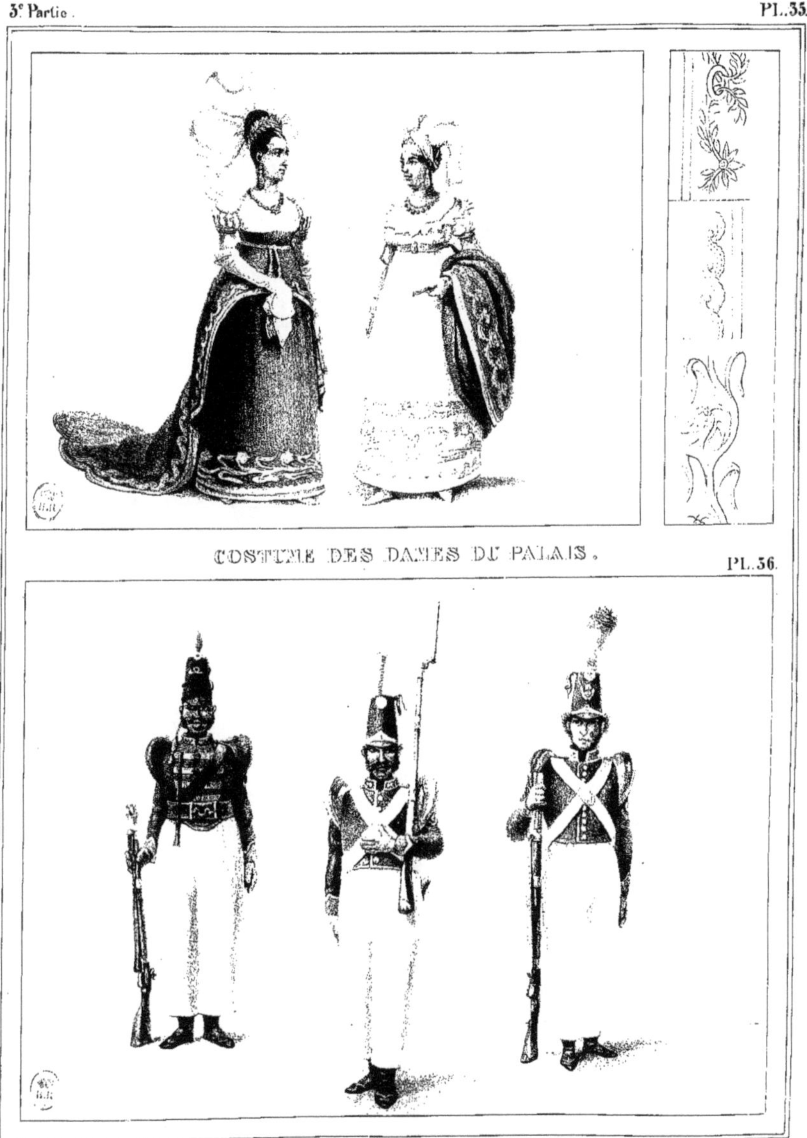

COSTUME DES DAMES DU PALAIS.

PL. 36.

J.B. Debret. Delt.

Lith. Thierry Frères, Succrs de Engelmann & Cie

COSTUME MILITAIRE.

J. B. Debret del.

Lith. de Thierry Frères Succrs de Engelmann & Cie

ACCLAMATION DU ROI DOM JEAN VI.

à Rio de Janeiro.

J. B. Debret del.t

Lith. de Thierry frères Succ.rs de Engelmann.

VUE DE L'EXTÉRIEUR DE LA GALERIE DE L'ACCLAMATION.

du Roi D. Jean VI.

(à Rio de Janeiro).

J. B. Debret del.t Lith. de Thierry Frères.

DÉCORATION DU BALLET HISTORIQUE

Donné au Théatre de la Cour, à Rio de Janeiro, le 13 Mai 1818,

à l'occasion de l'acclamation du Roi D. Jean VI et du mariage du Prince Royal D. Pedro son fils.

MINISTRES ET SENATEUR

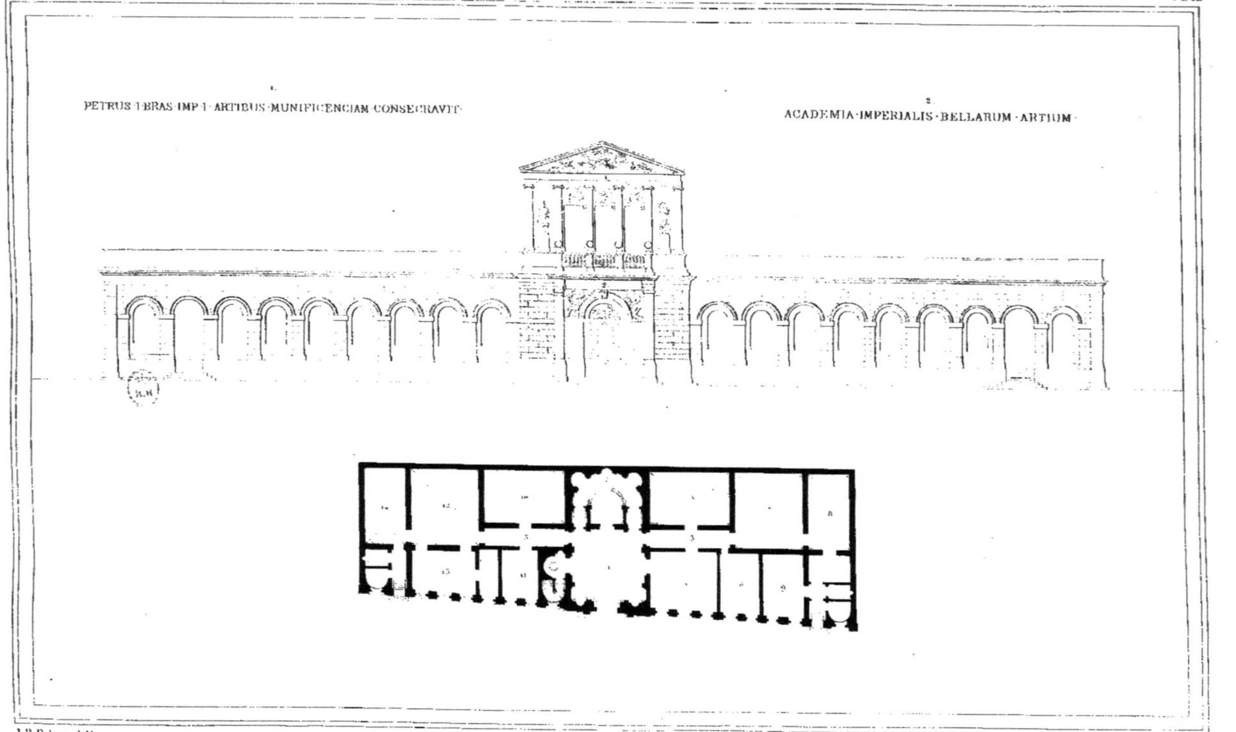

J. B. Debret del.t

Lith. de Thierry frères

ACADÉMIE IMPÉRIALE DES BEAUX ARTS DE RIO DE JANEIRO.

Ouverte à l'étude le 15 Novembre 1826.

1.

2.

PLANS ET ÉLÉVATIONS DE DEUX PETITES MAISONS,

l'une de ville, et l'autre de campagne.

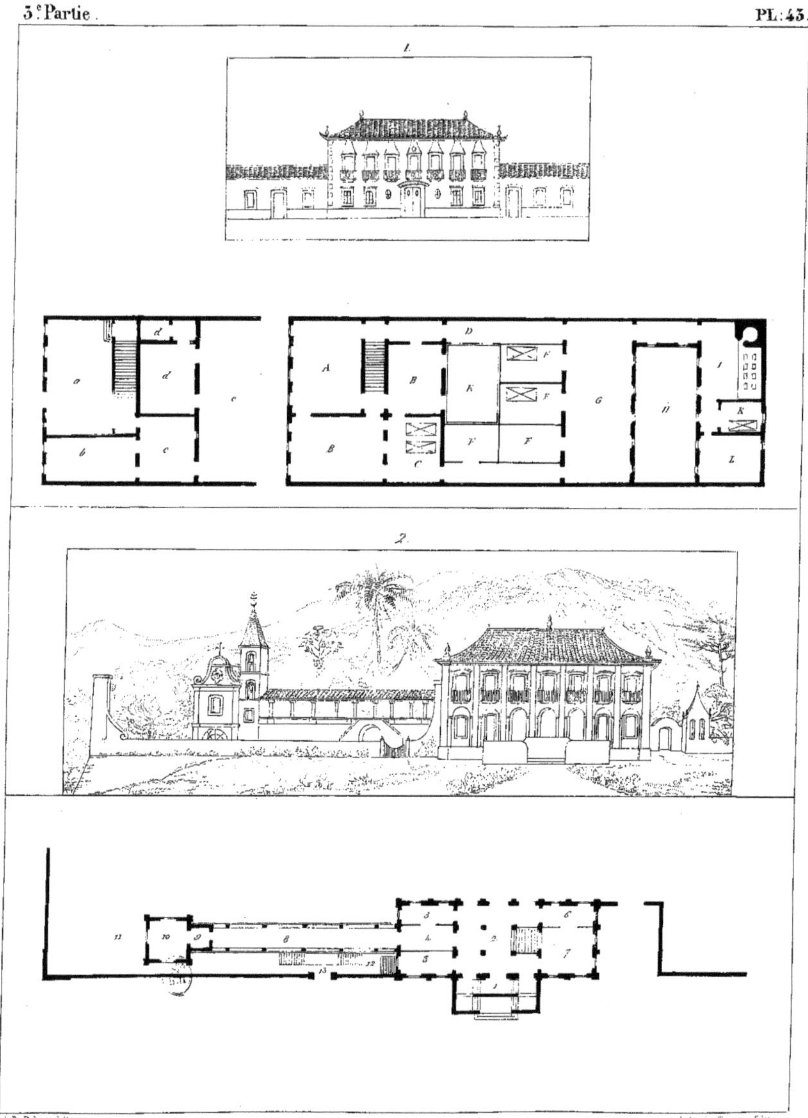

J. B. Debret del.t Lith. de Thierry Frères

PLANS ET ÉLÉVATIONS DE DEUX GRANDES MAISONS,

L'une de ville et l'autre de campagne.

J. B. Debret del.t Lith. de Thierry Frères à Paris

CORTÈGE DU BAPTÊME DE LA PRINCESSE ROYALE

Da. Maria da Gloria.

(à Rio de Janeiro.)

J. B. Debret del.t

Lith. de Thierry frères

ACCEPTATION PROVISOIRE DE LA CONSTITUTION DE LISBONNE,

à Rio de Janeiro, en 1821.

J. B. Debret del.t

Lith. de Thierry Frères.

DÉPART DE LA REINE

pour se rendre à bord du vaisseau Royal destiné à conduire sa Cour à Lisbonne.

J. B. Debret del.

Lith. de Thierry Frères

ACCLAMATION DE DON PÉDRO Ier EMPEREUR DU BRÉSIL;

au camp de Ste Anna, à Rio-de-Janeiro.

J. B. Debret del.

Lith. de Thierry frères.

CÉRÉMONIE DU SACRE DE D. PEDRO 1er EMPEREUR DU BRÉSIL,

à Rio de Janeiro, le 1er Décembre 1822.

J. B. Debret del.t Lith. de Thierry frères.

RIDEAU D'AVANT SCÈNE EXÉCUTÉ AU THÉATRE DE LA COUR, POUR LA REPRÉSENTATION D'APPARAT,

à l'occasion du Couronnement de l'Empereur D. Pedro 1.er

J. B. Debret del. Lith. de Thierry Frères.

MARIAGE DE S.M.I.D.PEDRO 1er AVEC LA PR.esse AMÉLIE DE LEUCHTENBERG, 2e IMPÉRATRICE DU BRÉSIL.

J. B. Debret del. Lith. de Thierry Frères à Paris

ACCLAMATION DE D. PEDRO II.

à Rio de Janeiro le [illegible] Avril, 1831.

1.

2.

J.B. Debret del.t

Lith. de Thierry Frères.

PANORAMA DE L'INTÉRIEUR DE LA BAIE DE RIO DE JANEIRO.

Dessiné du Plateau de la montagne dite Le Corcovado. (Pic nommé le Bossu).

3.

4.

J. B. Debret del.t

Lith: de Thierry frères.

SUITE DU PANORAMA DE LA BAIE DE RIO DE JANEIRO.

5.

SUITE DU PANORAMA DE LA BAIE DE RIO DE JANEIRO.

6. 7. 8.

J.B. Debret del.t

Lith. de Thierry frères

N.° 6.

Rond-Point ménagé pour la station ombragée des chevaux des voyageurs. Il est à très peu de distance du Plateau. On y voit l'arbre donné sous le N.° 8.

N.° 7.

Profil du bloc de granit qui forme la sommité presque nue du Pic. (Voir son ensemble à la Pl. 1.re de ce volume.)

N.° 8.

Tronc d'arbre sur lequel l'empereur D. Pedro grava son chiffre, et la date du mois et de l'année de l'achèvement du chemin praticable. Travail tracé et dirigé par lui personnellement.

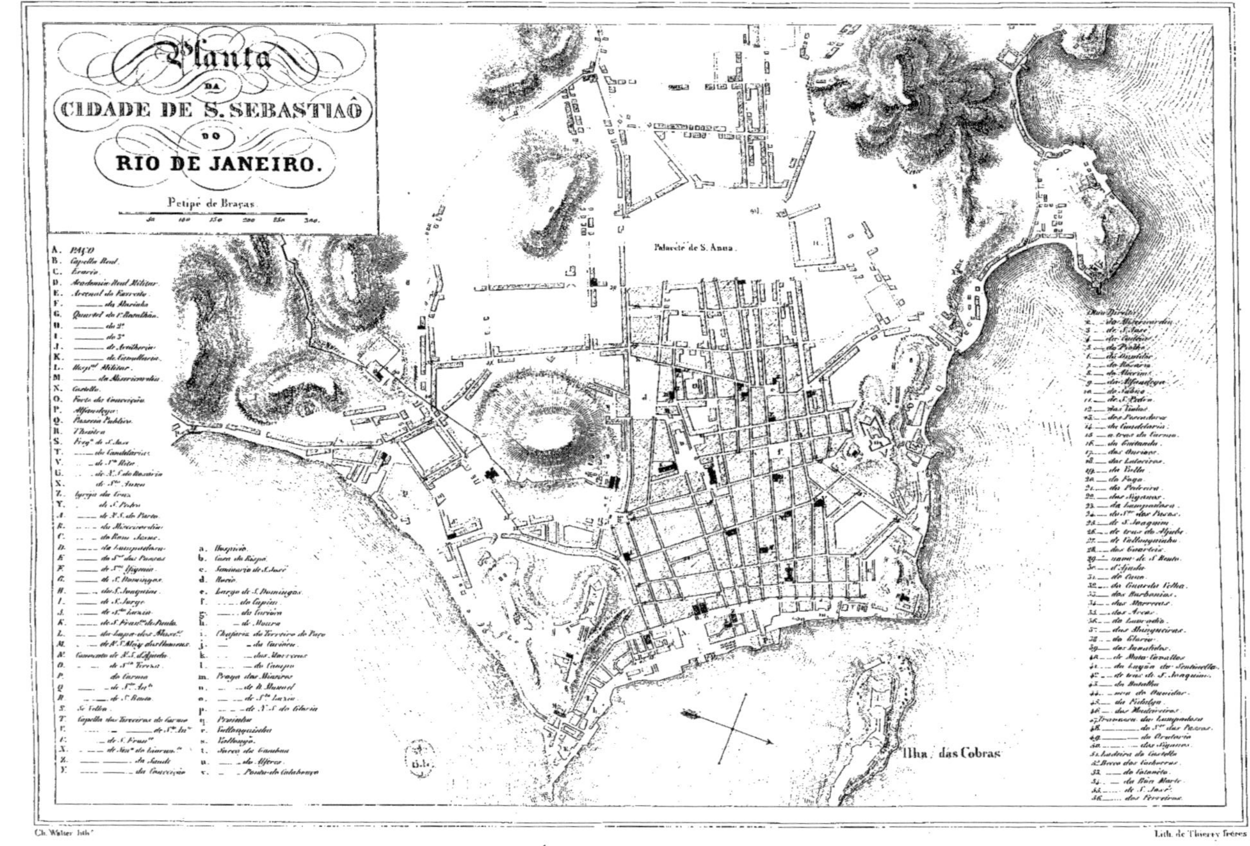

Ch. Walter lith.
Lith. de Thierry frères

www.ingramcontent.com/pod-product-compliance
Ingram Content Group UK Ltd.
Pitfield, Milton Keynes, MK11 3LW, UK
UKHW021103200726
13857UKWH00003B/1070

9 782012 873544